AF630744

## Sitzungsberichte der Heidelberger Akademie der Wissenschaften

**Stiftung Heinrich Lanz**

### Mathematisch-naturwissenschaftliche Klasse

*) *Jahrgang* 1921 *erschien im Verlage von Carl Winters Universitätsbuchhandlung in Heidelberg.*

*Im Verlag von Walter de Gruyter & Co. vormals G. J. Göschen sche Verlagshandlung — J. Guttentag, Verlagsbuchhandlung — Georg Reimer — Karl J. Trübner — Veit & Comp., Berlin, erschienen:*

**Abteilung A. Mathematisch-physikalische Wissenschaften.**

Jahrg. 1922: 3 Hefte. — Jahrg. 1923: 5 Hefte. — Jahrg. 1924: 11 Hefte.

**Abteilung B. Biologische Wissenschaften.**

Jahrgang 1923: 1 Heft.

*Von Jahrgang* 1925 *ab findet die Trennung in Abteilung A und B nicht mehr statt.*

**Vom Jahrgang 1925 sind 15 Hefte, vom Jahrgang 1926 13 Hefte erschienen. Verzeichnisse auf Wunsch.**

**Jahrgang 1927.** 1. LOEWY, ALFRED. Neue elementare Begründung und Erweiterung der Galoisschen Theorie. Reichsmark 1.60
2. LIEBMANN, HEINRICH. Rhombische Geradennetze im Raum. Reichsmark 1.—
3. VOLK, OTTO. Über geodätische Dreiecknetze auf Flächen konstanten Krümmungsmaßes. Reichsmark 1.80
4. PÜTTER. A. Chemische Reizwirkung und Giftwirkung. Mit einem mathematischen Anhang: Ein Diffusionsproblem von E. TREFFTZ. Reichsmark 2.40
5. REMBS, EDUARD. Die Verbiegung des verlängerten Rotationsellipsoids. Reichsmark 1.60
6. MAYER, ADOLF. Naturwissenschaftliche Ästhetik. Reichsmark 0.09
7. MAYER, ADOLF. Naturwissenschaftliche Volkswirtschaftslehre. Reichsm. 0.80
8. BAER, R., KAPFERER, H., KRULL, W., SCHMIDT, F. K. Beiträge zur Algebra. Nr. 5—10. Reichsmark 6.20
9. MÜLLER, MAX. Über die Eindeutigkeit der Integrale eines Systems gewöhnlicher Differentialgleichungen und die Konvergenz einer Gattung von Verfahren zur Approximation dieser Integrale. Reichsmark 2.50
10. FREUDENBERG, KARL. Intramolekulare Umlagerung optisch-aktiver Systeme. Reichsmark 1.—
11. ROESER, ERNST. Abbildung der hyperbolischen Ebene auf die Kugel mittels der Beziehung zwischen Lot und Parallelwinkel. Reichsmark 1.—
12. RÜGER, L. Die direkte gebirgsgetreue Übertragung der auf dem Universaldrehtisch gewonnenen Messungsergebnisse gebirgsorientierter Schliffe in das Diagramm. Reichsmark 1.20
13. JOST, L. Elektrische Potentialdifferenzen an der Einzelzelle. Reichsmark 1.90

**Jahrgang 1928.** 1. RÜGER, L. Einige Bemerkungen zur Darstellung tektonischer Elemente, insbesondere von Klüften und Harnischen. Reichsm. 1.20
2. HERBST, CURT. Untersuchungen zur Bestimmung des Geschlechts. Ein neuer Weg zur Lösung des Geschlechtsbestimmungsproblems bei Bonellia viridis. Reichsmark 1.50
3. MERTON, HUGO. Untersuchungen über die Entstehung amöbenähnlicher Zellen aus absterbenden Infusorien. Reichsmark 2.20
4. BAER, REINHOLD. Zur Einordnung der Theorie der Mischgruppen in die Gruppentheorie. Reichsmark 2.20

*(Fortsetzung siehe 3. Umschlagseite)*

*) Bestellungen auf solche Veröffentlichungen der math.-naturw. Klasse, welche früher im Verlag von Carl Winters Universitätsbuchhandlung in Heidelberg erschienen sind, nimmt auch der Verlag Walter de Gruyter & Co., Berlin, entgegen.

Sitzungsberichte
der Heidelberger Akademie der Wissenschaften
Mathematisch-naturwissenschaftliche Klasse
Jahrgang 1932. 6. Abhandlung

# Etwas über die Schrumpfung der Erde

von

Ernst Jänecke
Heidelberg

Vorgelegt von Wilhelm Salomon-Calvi am 13. VI. 1932

Berlin und Leipzig 1932
Walter de Gruyter & Co.
vormals G. J. Göschen'sche Verlagshandlung / J. Guttentag, Verlagsbuchhandlung / Georg Reimer / Karl J. Trübner / Veit & Comp.

Archiv-Nr. 52 04 32

Druck von Walter de Gruyter & Co., Berlin W 10

Es kann als feststehend gelten, daß bei höherem Druck der Schmelzpunkt aller Stoffe steigt, wenn der Druck weiter zunimmt. Auch Stoffe wie Wasser, die bei niederen Drucken hiervon eine Ausnahme machen, zeigen bei höheren Drucken das gleiche Verhalten. So bildet sich aus Wasser eine Eisart (Eis VI), deren Schmelzpunkt mit dem Druck steigt. Auch für den zweiten Stoff (Wismut), von dem bekannt ist, daß er ein gleiches Verhalten wie Wasser hat, indem sich bei niederen Drucken der Schmelzpunkt mit dem Druck erniedrigt, ist dasselbe wie beim Wasser anzunehmen, was sich aus folgendem ergibt. Flüssiges Wismut hat ein spezifisches Gewicht von 10,004 und erstarrt bei 271° zu einer Modifikation vom spezifischen Gewicht 9,712. Entsprechend der Clausius-Clapeyronschen Gleichung sinkt deswegen der Schmelzpunkt mit dem Druck. Von Cohen ist aber nachgewiesen, daß Wismut bei 75° eine Umwandlung zeigt, und daß das spezifische Gewicht der unterhalb dieser Temperatur bestehenden Modifikation 9,732 ist. Hieraus folgt, daß die Temperatur der Umwandlung mit dem Druck ansteigt. Die Schmelzkurve der bei niederer Temperatur beständigen Form des Wismuts und die Umwandlungskurve müssen sich deswegen bei höheren Drucken schneiden. Es wird demnach auch Wismut bei höheren Drucken das normale Verhalten der Steigerung der Schmelztemperatur mit dem Druck zeigen. Man kann also mit Sicherheit behaupten, daß alle festen Stoffe ihren Schmelzpunkt mit dem Druck steigern, wenn auch einzelne anfänglich bei niederen Drucken Modifikationen haben können, die eine Verringerung der Temperatur mit dem Druck aufweisen. In einer soeben erschienenen Abhandlung (Proc. Akad. Amsterdam 1932. 624—635) berechnet van Laar aufs neue die Schmelzkurve und ändert seine Ansicht, daß diese einer gewissen vertikalen Achse asymptotisch verliefe, so daß oberhalb dieser Grenztemperatur kein fester Zustand mehr möglich wäre, wie hoch auch der Druck sei. (Van Laar, Versl. holl. Akad. Amsterdam 1924—1927, Jänecke, phys. chem. 156, A, 1931, 174). Bei Niederschrift vorliegender Abhandlung wurde noch die frühere Auffassung als richtig angesehen. Die neue Ansicht ändert jedoch nichts an den Ausführungen über die Schrumpfung der Erde, führt aber, wie weiter unten erörtert, zu einigen anderen beachtenswerten Schlüssen.

Weil die Temperatur in der Erde zunimmt, muß schließlich eine solche erreicht werden, bei der Verflüssigung eintritt. Die für die Erdkruste in Betracht kommenden Stoffe haben bei gewöhnlichem Druck eine Schmelztemperatur zwischen 1000° und 1500°. Es läßt sich unter Berücksichtigung des Druckes annehmen, daß der Übergang des festen Aggregatzustandes in den flüssigen in der Erde bei einer Temperatur von etwa 2500° bis 3000° liegt. Aus der geothermischen Tiefenstufe, nach der eine Temperaturzunahme von etwa 30° auf 1000 m stattfindet, berechnet sich für diese Temperaturen die Dicke der festen Erdkruste zu 80 bis 100 km. Diese Zahlen stimmen überein mit anderen Angaben über die Stärke der Erdkruste. Unterhalb dieser Tiefe, wo die Erde also flüssig wird, befinden sich nach der neuesten Auffassung drei sich übereinanderlagernde Schichten, welche dem Metall, dem Stein und der Schlacke der Metallurgie entsprechen. Der innere Kern besteht aus hauptsächlich Eisen-Nickel, darüber folgt eine Schale bestehend aus Sulfiden und Oxyden, darüber liegen Silikate.

Aus der ständigen Zunahme der Schmelztemperatur aller Stoffe mit dem Druck folgt aber nach Clausius-Clapeyron auch, daß der feste Aggregatzustand geringeres Volumen gegenüber dem flüssigen hat. Es findet also beim Erstarren Kontraktion statt. Nun gibt die Erde ständig Wärme ab, die sich aus der geothermischen Tiefenstufe und der Wärmeleitfähigkeit berechnen läßt. Die Urgesteine wie Granit, Porphyr, Gneis haben eine Wärmeleitfähigkeit von 0,008, Kalk 0,007, Marmor 0,005—0,008, Basalt, Schiefer und Sandstein von 0,005. Unter Berücksichtigung der hauptsächlich in Betracht kommenden Gesteine kann als Mittelwert der Wärmeleitfähigkeit der Erdkruste 0,007 angenommen werden. Das heißt, daß in einer Sekunde durch 1 qcm Gestein 0,007 g Kalorien hindurchtreten, wenn das Temperaturgefälle 1° auf 1 cm Schichtdicke ist. Aus dieser Zahl berechnet sich, daß durch 1 qm Erdoberfläche im Jahr $0{,}007 \cdot 1000 \cdot 365 \cdot 24 \cdot 60 \cdot 60 = 668$ kg Kalorien austreten. Es ist von Interesse auszurechnen eine wie große Eisschicht damit zum Schmelzen gebracht werden könnte. Bei Berücksichtigung der Schmelzwärme ergeben sich etwa 8 kg Eis, was auf ein qm verteilt einer Schicht von 9 mm entspricht. Bekanntlich erhalten wir von der Sonne so viel Wärme, daß diese ausreichen würde, eine Schicht von mehreren Metern Eis zu schmelzen. Man sieht, wie gering die von der Erde abgegebene Wärme im Verhältnis hierzu ist. Die von der Erde abgegebene Wärme führt notwendigerweise dazu, daß im Erdinnern an der Grenze Fest-Flüssig ein Erstarren stattfindet. Diese Erstarrungswärme, die durch die Erdkruste hindurchgeführt wird, muß gleichwertig der Wärmemenge sein, die im Jahr einen Eisgürtel von 9 mm zum Schmelzen brächte. Das Erstarren an der Grenzfläche Fest-Flüssig hat aber die weitere Folge, daß das Volumen sich verringert. Unter der Annahme, daß die Silikate etwa die gleiche Schmelzwärme wie Eis haben, würden im Jahr auf 1 qm Fläche 8 kg Silikat im Erdinnern fest werden. Diese Zahl soll, da genaue Zahlen nicht bekannt sind, den weiteren Berechnungen zu Grunde gelegt werden. Eine Silikatmenge von 8 kg hat bei einem spezifischen Gewicht von 2,8 einen Rauminhalt von fast 3000 ccm, die bei 1 qm Fläche einer Schichtdicke von 3 mm entsprechen.

Es verdickt sich also hiernach die Erdkruste in einem Jahr um 3 mm. Wäre diese Verdickung auch in den vorhergehenden Zeiten immer gleich gewesen, so würde sich eine Kruste von 100 km in 33 Millionen Jahren gebildet haben, was der Größenordnung nach mit anderen Angaben übereinstimmt. Die Zahl ist aber nur annähernd richtig, auch deswegen, weil bei gleicher Außentemperatur der Wärmefluß bei der geringeren Dicke, die die Erdkruste früher hatte, größer gewesen sein muß. Außerdem war selbstverständlich auch die Temperatur der Erdkruste bei ihrer Bildung anfänglich sehr viel höher. Endlich ist der Wert von 33 Millionen Jahren unter der Annahme berechnet, daß die gesamte abgeführte Wärme nur dazu gedient hätte, die Erdkruste zu verstärken. Jetzt, nachdem eine Dicke von 100 km erreicht ist, ist dieses wohl in der Hauptsache der Fall, was es früher aber sicher nicht war. Als die Kruste noch dünner war, wurde auch Wärme abgeführt, die eine Verringerung der Temperatur in den Schichten unterhalb der Erdkruste bewirkte. Dadurch ergibt sich für die Zeit, die seit Beginn der Bildung einer Erdkruste verflossen ist, eine wesentlich größere Zahl.

Die Verdickung der Erde an der Übergangstelle gegen den flüssigen Kern ergibt zweifellos eine Erklärung für die Schrumpfung der Erde. Es wäre zur Aufstellung bestimmter Zahlenwerte notwendig zu wissen, wie stark die Kontraktion beim Übergang des flüssigen in den festen Zustand bei Temperaturen von 2500° bis

3000° und sehr hohen Druck ist. Hierüber kann nur schätzungsweise etwas ausgesagt werden. Nach den bisher gemachten Untersuchungen kennt man nur für wenige Stoffe die Unterschiede der Volumina Fest-Flüssig und ihre Abhängigkeit von der Schmelztemperatur. Die Differenz ist besonders groß beim Steinsalz und anderen Chloriden (Tab. 81; Börnstein-Landolt), bei Metallen und organischen Stoffen ist sie wesentlich geringer. Über Silikate konnten keine genauen Daten gefunden werden. Es ist daher höchst schwierig, in dieser Hinsicht etwas genaues auszusagen. Die Volumenänderung wird mit steigender Schmelztemperatur stets geringer. Für die Berechnung soll angenommen werden, daß die Kontraktion beim Erstarren in der Größenordnung von $^1/_{50}$ liegt. Möglicherweise ist sie noch geringer. Wird diese Zahl zu Grunde gelegt, so ergibt bei Verfestigung um 3 mm eine jährliche Schrumpfung der Erde von 0,06 mm. Seit Cäsars Zeiten ist also unter Berücksichtigung dieser Schrumpfung, der Erdradius um etwa 10 cm kleiner geworden. Bei vollständigem Schmelzen der Kruste würde der Radius um etwa 2 km und der Umfang um etwa 12 km zunehmen, wenn die Dicke zu 100 km angenommen wird. Die Abnahme des Erdumfangs von etwa 12 km seit Bildung der Erdkruste gilt für ihre gesamte Dicke. Dieser Wert ist deswegen auch keineswegs in Widerspruch mit Angaben erheblich stärkerer Zusammenziehung, die aus der Kontraktion der Erdoberfläche berechnet wird. Eine jährliche Schrumpfung von 0,06 mm ergibt bei einer Oberfläche von 510 Mill. qkm einen Kubikinhalt von etwa 30 cbkm. Also täglich etwa $^1/_{10}$ cbkm, nach menschlichem Maß ein erheblicher Wert, jedoch nicht an dem Inhalt der Erde von mehr als einer Billion cbkm gemessen.

Es geht also die Schrumpfung der Erde von der Grenzfläche der Erdkruste gegen den flüssigen Erdkern aus. Sie wird deswegen auch andauern, bis die Erde vollständig fest geworden ist. Es ist also nicht einfach die Zusammenziehung des Erdkerns infolge Temperaturabnahme, die die Schrumpfung veranlaßt, wie meistens angenommen wird, sondern die Ursache liegt größtenteils in dem Festwerden von Teilen des flüssigen Erdinnern an dem Übergang gegen die feste Erdkruste und der damit verknüpften Volumenverringerung. Wenn nach der Berechnung die Grenzfläche zwischen Fest und Flüssig bei etwa 80—100 km liegt, und bei einer Temperatur von 2500—3000° zu suchen ist, so bedeutet dieses natürlich keineswegs, daß an dieser Stelle eine scharfe Grenze zwischen dem Festen und Flüssigen besteht. Schon die verschiedenartige Zusammensetzung der Erdkruste verbietet dieses. An der Tatsache der Schrumpfung selbst ändert dieses allerdings nichts. In einem Stoffgemische findet die Erstarrung nicht bei konstanter Temperatur statt. Es gibt im Magma Stoffe, die sich bei Wärmeentzug bei geringerer Temperatur, und andere, die sich erst bei höherer Temperatur ausscheiden. Die Folge davon ist, daß in der Erde zwischen dem vollständig Festen und vollständig Flüssigen ein breiiger Übergang besteht, der wahrscheinlich sogar einen beträchtlichen Umfang hat. Hinzu kommt noch, daß infolge der Entwicklung der Erdkruste im Laufe ihrer immer stärkeren Verfestigung und der damit zusammenhängenden Zerklüftung die Grenze zwischen Fest-Flüssig im Innern der Erde keineswegs überall in der gleichen Tiefe liegt.

Die feste Erdkruste ist spezifisch schwerer als der unmittelbar darunter liegende flüssige Teil. Könnte sie fortgenommen werden, und stückweise in das darunter liegende Flüssige geworfen werden, so müßte sie darin untersinken und schmelzen, wenn sich die Temperatur mit der Tiefe steigert. Wäre die Erdkruste ein vollständig festes Gewölbe oberhalb des darunterliegenden flüssigen Kernes, so müßte die angegebene Erstarrung an dessen Oberfläche und die damit verbundene Volumenverringerung dazu führen, daß sich zwischen dem Flüssigen und Festen ein immer größer werdender „leerer Raum" bildete. Dieser würde sich anfüllen mit Gasen, die sich aus dem flüssigen Magma, das jetzt nicht mehr unter Druck stände, entwickeln. Es ist anzunehmen, daß an einzelnen Stellen solches auch wirklich geschieht. Insgesamt wird jedoch das Verhalten anders sein, und die Kruste sich bei ihrer Verstärkung auf das Magma legen, was nicht ohne Störung in der Erdkruste möglich ist. Dieses Fallen äußert sich besonders an den Bruchstellen der Erdkruste. Solche hatten sich bei der Entstehung der Kruste ausgebildet, und sind im weiteren Verlaufe der Verkrustung in der Hauptsache an den gleichen Stellen geblieben. So steht also die Verkrustung mit dem Vulkanismus und der Gebirgsbildung in Beziehung, worauf nicht weiter eingegangen zu werden braucht. Sollte der Wärmefluß in der Erdkruste außer durch den Temperaturunterschied zwischen dem glutflüssigen Innern und der Erdoberfläche auch noch durch radioaktive Vorgänge beeinflußt sein, so würde ihre Berücksichtigung das Ergebnis zahlenmäßig beeinflussen. Die an sich schon unsicheren Zahlenwerte würden dadurch noch ungenauer. Der Wärmefluß, der infolge der höheren Temperatur des glutflüssigen Erdinnern und der Außentemperatur der Erde eintreten muß, wird natürlich durch radioaktive Vorgänge nicht verhindert.

Nach den Ausführungen im Anfang dieses Aufsatzes ist die Schmelzkurve aller Stoffe so, daß mit steigender Temperatur eine asymtotische Annäherung nicht, wie man früher meinte, an eine Senkrechte, also bei konstanter Temperatur erfolgt, sondern an eine etwas geneigte Gerade. Die Schmelztemperatur erhöht sich dauernd mit dem Druck. Weil mit der Tiefe in der Erde der Druck steigt, kann die Verflüssigung die an der unteren Grenze der Erdkruste beginnt, sich nur dann in das Innere fortsetzen, wenn auch die Temperatur mit der Tiefe weiter ansteigt. Die „geothermische Tiefenstufe" dieser Schicht ist jedenfalls erheblich geringer als die der Erdkruste. Was die beiden inneren Schalen aus Sulfid- Oxyd und Metall angeht, so ist es wahrscheinlich, daß diese Schalen keine so hohe Temperatur haben, daß sie bei dem enormen Druck, unter dem sie stehen, noch flüssig sein können. Möglicherweise ist auch der untere Teil der Silikatschale bereits fest.

Zusammenfassend läßt sich also sagen, daß die Tatsache des Wärmeflusses in der Erde nach außen in Verbindung damit, daß alle Stoffe beim Erstarren unter höherem Druck ihr Volumen verkleinern, hinreicht zur vollständigen Erklärung für die Schrumpfung der Erde und der damit zusammenhängenden Erscheinungen.

---

5. Baer, Reinhold. Über die Zerlegungen einer Mischgruppe nach einer Untermischgruppe. Reichsmark 1.50
6. Roeser, Ernst. Komplementäre Körper der beiden nichteuklidischen Geometrien. Reichsmark 1.—
7. Krull, Wolfgang. Primidealketten in allgemeinen Ringbereichen. Rm. 1.10
8. Salomon, Wilhelm. Geol. Beobachtungen des Leonardo da Vinci. Rm. 0.90
9. Liebmann, Heinrich. Die Sätze von Lie und Gambier über Kurven eines Linienkomplexes. Reichsmark 0.90
10. Merz, K. W. Über den Wirkungsantagonismus von Blutkörperchen und Serum bei chemisch faßbaren biologischen Vorgängen. Reichsmark 1.20
11. Mühlbach, R. Über Raumkurven in der Möbiusschen Geometrie. Rm. 1.20
12. Ernst, Paul. Wurzeln der Medizin. Reichsmark 1.50
13. Mayer, Adolf. Naturwissenschaftliche Apologetik des Christentums. Rm.1.60
14. Baer, Reinhold. Beiträge zur Galoisschen Theorie. Reichsmark 1.80
15. Salomon, Wilhelm. Neue geologische Beobachtungen im Baitonegebiet des Adamello. Reichsmark 0.90
16. Erdmannsdörffer, O. H. Über Disthen-Andalusitparagenesen. Rm. 1.20
17. Schneidt, Max. Kurvennetze ohne Umwege. Reichsmark 1.30
18. Bopp, K. J. H. Lamberts und A. G. Kaestners Briefe, aus den Gothaer Manuskripten herausgegeben. Reichsmark 2.20
19. Freudenberg, K. Zur Kenntnis des Fichtenholz-Lignins. Reichsmark 1.10

**Jahrgang 1929.** 1. Volk, Otto. Über Flächen mit geodätischen Dreiecksnetzen. Reichsmark 2.50
2. Schmidt, F. K., Krull, W., Breuer, S. Beiträge zur Algebra. Nr. 11—13. Reichsmark 1.80
3. Hieber, W. Zur Kenntnis der chemischen Reaktionen des Eisencarbonyls. Reichsmark 0.90
4. Salomon, Wilhelm. Gletscherbeobachtungen am Vadret Lischanna (Unterengadin). Reichsmark 1.—
5. Salomon, Wilhelm. Arktische Bodenformen in den Alpen. Reichsm. 2.50
6. Müller, Max. Über die Greensche Funktion des Laplaceschen Differentialausdruckes. Reichsmark 1.50
7. Rüger, L. Machairodus latidens Owen aus den altdiluvialen Sanden von Mauer a. d. Elsenz. Reichsmark 0.90
8. Lenard, P. Über Energie und Gravitation. Reichsmark 1.90
9. Deecke, W. Zur Entstehung der Kare. Reichsmark 0.80
10. Roeser, E. Neue Sätze über sphärische und hyperbolische Fünfecke. Reichsmark 1.—
11. Baldus, R. Über Eulers Dreieckssatz in der absoluten Geometrie. Rm. 1.—
12. Trautz, M. Die Reibung, Wärmeleitung und Diffusion in Gasmischungen. II. Reichsmark 2.80
13. Sander, B., u. Felkel, E. Zur tektonischen Analyse von Schmelztektoniten. Reichsmark 2.50
14. Scholz, Arnold. Beiträge zur Algebra. Nr. 14. Reichsmark 1.20
15. Baer, Reinhold. Beziehungen zwischen den Grundbegriffen der Topologie. Reichsmark 1.60
16. Herbst, Curt. Untersuchungen zur Bestimmung des Geschlechts. Weitere Experimente über die Vermännlichung indifferenter Bonellia-Larven durch künstliche Mittel. Reichsmark 3.—
17. Erdmannsdörffer, O. H. Über Alkalihornblenden aus dem Radautal. Reichsmark 0.80
18. Gruber, Friedrich. Neuer Beweis des Transversalensatzes in der absoluten Geometrie. Reichsmark 0.80
19. Rosenthal, A. Über die Existenz der Lösungen von Systemen gewöhnlicher Differentialgleichungen. Reichsmark 1.20

**Jahrgang 1930.** 1. Gottfried, C. Über kontaktmetamorphe Gesteine des Baitonegebietes in der Adamellogruppe (Italien). Reichsmark 1.—
2. Rüger, L. Über einen Granulit mit „Sekundärschieferung" von Auerswalde i. S. Reichsmark 1.50
3. Beiträge zur Algebra Nr. 15—17: a) Kapferer, Heinr. Über Schnittpunktsysteme mit vorgeschriebenen Multiplizitätszahlen. b) Kapferer, Heinr. Eine idealtheoretische Lösung des Cramerschen Paradoxons, die jeden sin-

gularen Fall umfaßt. c) Scholz, Arnold. Über das Verhältnis von Idealklassen und Einheitengruppen in Abelschen Körpern von Primzahlpotenzgrad. Reichsmark 3.20

4. Kinzl, Hans. Flußgeschichtliche und geomorphologische Untersuchungen über die Feldaistsenke im oberösterreichischen Mühlviertel und die angrenzenden Teile Südböhmens. Reichsmark 3.20
5. Baldus, Richard. Zur Axiomatik der Geometrie III. Über das Archimedische und das Cantorsche Axiom. Reichsmark 0.80
6. Salomon-Calvi, Wilhelm. Epeirophorese. Teil I. Reichsmark 1.40
7. Wellstein, Julius. Zur Klassifikation der regulären Scharen quadratischer Formen. Reichsmark 1.—
8. Bettmann. Über Modellierungen des Gefäßendabschnittes. Reichsmark 2. —
9. Roeser, Ernst. Sphärische und hyperbolische Vielecke. Reichsmark 1.65
10. Kaufmann, Boris. Über die Ränderzuordnung bei topologischen Abbildungen in der Ebene und im Raume. Reichsmark 1.65
11. Scheffen, Walther. Pseudopemphix Fritschii Wüst, Lithogaster tiefenbachensis Assm. und Pemphix Sueurii Desm. Reichsmark 3.20
12. Voelcker, Ilse. Felis issiodorensis Croizet von Mauer a. d. E. Rm. 1.40
13. Salomon-Calvi, Wilhelm. Epeirophorese. Teil II. Geodätische Beweise. Reichsmark 1.—
14. Freudenberg, Karl. Kritik an der Berechnung des optischen Drehungsvermögens von Zuckern. Reichsmark 1.—
15. Jänecke, Ernst. Über das reguläre vierdimensionale Fünfzell. Rm. 3.—
16. Boehm, Karl. Über lineare Differentialgleichungen mit konstanten Koeffizienten und einer Störungsfunktion. Reichsmark 1.80
17. Kamke, E. Über die eindeutige Bestimmtheit der Integrale von Differentialgleichungen II. Reichsmark 1.70

**Jahrgang 1931.** 1. Pfannenstiehl, Max. Die Fauna der Kirchberger Schichten von Lohn am Randen. Reichsmark 2.75

2. Salomon-Calvi, Wilh. Radium-reiche Erdölsolen und das Problem der Herkunft ihres Radiums. Reichsmark 2.—
3. Voelcker, J. Hippopotamus amphibius von Mauer a. d. Elsenz. Rm. 1.60
4. Erdmannsdörffer, O. H. Über Zoisitoligoklaspegmatit und seine Beziehung zu anorthositischen Magmen. Reichsmark 1.85
5. Schmidt, Arnold. Die Stetigkeit in der absoluten Geometrie. Reichsmark 1.80
6. Kaufmann, Boris. Parameterkurven ohne Halbtangenten. Reichsmark 1.90
7. Hellpach, Willy. Dritte Mitteilung zur Statik und Dynamik der deutschen Stammesphysiognomie. Reichsmark 2.20
8. Salomon-Calvi, Wilh.. Epeirophorese. Teil III. Die vordiluvialen Eiszeiten. A. Die Eiszeiten des Tertiärs und Mesozoikums. Reichsmark 3.—
9. Freudenberg, Karl. Bemerkungen zur Stereochemie. Mit einem Anhang: Synthesen von Derivaten aktiver Aminosäuren. Reichsmark 2.20
10. Mehmke, R. Über ein Gegenstück zum Eulerschen Satz vom ebenen Dreieck und zu dessen Verwandten im Raum und in höheren Räumen in der hyperbolischen Geometrie. Reichsmark 1.65
11. Weiler, W. Revision der Fischfauna des Septarientones von Wiesloch bei Heidelberg. Reichsmark 2.20

**Jahrgang 1932.** 1. Sölch, Johann. Der Rückzug der letzten Vergletscherung. Eine vergleichende Betrachtung. Reichsmark 2.50

2. Beiträge zur Algebra Nr. 18—19. Vorgelegt von Alfred Loewy: a) Baer, R. und Levi, F. Vollständige irreduzibele Systeme von Gruppenaxiomen. b) Krull, Wolfgang. Matrizen, Moduln und verallgemeinerte Abelsche Gruppen im Bereich der ganzen algebraischen Zahlen. Reichsmark 4.—
3. Roeser, Ernst. Über die nichteuklidischen regulären Polyeder. Reichsmark 2.—
4. Cesarec, R. Über die Berechnung von Orthogonen der hyperbolischen Ebene. Reichsmark 2.20
5. Heffter, Lothar. Notwendige und hinreichende Bedingungen für den Cauchy'schen Integralsatz ohne Benutzung von Differentialquotienten. Reichsmark 1.50
6. Jänecke, Ernst. Etwas über die Schrumpfung der Erde. Reichsmark 1.50

WALTER DE GRUYTER & CO., BERLIN W 10 UND LEIPZIG

FSC
www.fsc.org
MIX
Papier | Fördert
gute Waldnutzung
FSC® C083411

Zeitfracht Medien GmbH
Ferdinand-Jühlke-Straße 7
99095 Erfurt, Deutschland
produktsicherheit@kolibri360.de